MÉMOIRE

SUR LA PRÉPARATION

DU FULMINATE DE MERCURE

ET LA CONDENSATION

DU GAZ NITRO-ÉTHÉRÉ,

PRODUIT PAR CETTE PREPARATION,

CONTRE LES PRETENTIONS DE M. A. CHEVALLIER, CHIMISTE, MEMBRE DE L'ACADÉMIE ROYALE DE MÉDECINE, ET DU CONSEIL DE SALUBRITÉ, ETC.

PAR A. DÉLION,

FABRICANT D'AMORCES FULMINANTES, AU BAS-MEUDON (SEINE-ET-OISE).

IMPRIMERIE DE J. DELACOUR, MEUDON, ET A VAUGIRARD,
RUE DE SÈVRES, 94.

1836.

MÉMOIRE

SUR LA PRÉPARATION

DU FULMINATE DE MERCURE

ET LA CONDENSATION

DU GAZ NITRO-ÉTHÉRÉ,

PRODUIT PAR CETTE PRÉPARATION,

CONTRE LES PRÉTENTIONS DE M. A. CHEVALLIER, CHIMISTE, MEMBRE DE L'ACADÉMIE ROYALE DE MÉDECINE, ET DU CONSEIL DE SALUBRITÉ, ETC.

PAR A. DÉLION,

FABRICANT D'AMORCES FULMINANTES, AU BAS-MEUDON (SEINE-ET-OISE).

IMPRIMERIE DE J. DELACOUR A MEUDON, ET A VAUGIRARD,

RUE DE SÈVRES, 94.

1836

Les Frelons et les Mouches à miel.

A l'œuvre on connaît l'artisan :

Quelques rayons de miel sans maître se trouvèrent :
Des frelons les réclamèrent ;
Des abeilles s'opposant,
Devant certaine guêpe on traduisit la cause.
Il était malaisé de décider la chose :
Les témoins déposaient qu'autour de ces rayons
Ces animaux ailés, bourdonnants, un peu longs,
De couleur fort tannée, et tels que les abeilles,
Avaient long-temps paru. Mais quoi ! dans les frelons
Ces enseignes étaient pareilles.
La guêpe, ne sachant que dire à ces raisons,
Fit enquête nouvelle, et, pour plus de lumière,
Entendit une fourmilière.
Le point n'en put être éclairci.
De grâce, à quoi bon tout ceci ?
Dit une abeille fort prudente.
Depuis tantôt six mois que la cause est pendante,
Nous voici comme aux premiers jours.
. . . .
Sans tant de contredits et d'interlocutoires,
Et de fatras et de grimoires,
Travaillons, les frelons et nous :
On verra qui sait faire, avec un suc si doux,
Des cellules si bien bâties.
Le refus des frelons fit voir
Que cet art passait leur savoir ;
Et la guêpe adjugea le miel à leurs parties.

LA-FONTAINE.

MÉMOIRE

SUR LA PRÉPARATION

DU FULMINATE DE MERCURE

ET LA CONDENSATION

DU GAZ NITRO-ÉTHÉRÉ,

PRODUIT PAR CETTE PRÉPARATION,

CONTRE LES PRÉTENTIONS DE M. A. CHEVALLIER, CHIMISTE, MEMBRE DE L'ACADÉMIE ROYALE DE MÉDECINE, ET DU CONSEIL DE SALUBRITÉ, ETC.

A Messieurs les Membres de l'Académie des Sciences, composant la COMMISSION DU PRIX MONTHYON, *pour les Arts insalubres.*

MESSIEURS,

Si je juge convenablement les circonstances présentes, vous êtes appelés à prononcer sur une question d'une haute gravité, car elle intéresse à la fois le plus noble des arts, et ce qu'il y a de plus sacré dans les convenances sociales : l'honneur d'un homme. Que cet homme soit un des aigles de la science qui vous honore, ou un inconnu dont le nom frappe pour la première fois votre oreille ; justice à qui de droit. Telle sera, je l'espère, votre devise dans la question présente : M. Chevallier est il ou non l'inventeur de l'appareil que vous connaissez, appliqué à la préparation du fulminate de mercure? ou bien est-ce moi, en conscience et en toute vérité ? ni l'un ni l'autre ; je l'ai déja écrit lorsque, devant l'Académie, je réclamai la priorité sur M. Chevallier ; il y a application de l'appareil bien connu de Woulf, avec l'addition pure et simple du cylindre en terre cuite, qui précède l'appareil cité, et rien de plus. Si vous prenez la peine de relire ma lettre du 24 juillet dernier, à l'Académie, elle ne dit pas autre chose ; les faits ainsi posés, suis-je redevable aux conseils de M. Chevallier de cette application ? non ; et je qualifie contraire à la vérité l'assertion émise et publiée par M. Chevallier ; et lorsque j'aurai mis sous vos yeux l'historique de la préparation du fulminate de mercure, depuis neuf années que je m'en occupe jusqu'à ce jour, ainsi que celui de mes relations avec M. Chevallier, depuis mai 1829, jusqu'à l'époque où, au mépris des convenances, il a pu trafiquer du moyen qui étant mien, n'est arrivé à sa connaissance que parce qu'une circonstance fâcheuse est venue nous forcer à le prier de nous prêter son appui comme membre du conseil de salubrité. Vous prononcerez alors d'après votre conscience, et vous direz, Messieurs, pour qui est le droit, et de qui vient la vérité.

Arrivé à Paris en octobre 1827, j'entrai aussitôt chez M. Gevelot, fabricant d'amorces fulminantes, pour y préparer le fulminate de mercure et la poudre nécessaire à la confection des amorces : on ne pouvait commencer sous de plus fâcheuses préventions ; car dans un sinistre arrivé peu de jours auparavant, quatre personnes avaient péri dans l'explosion. Ce fut peut-être cette circonstance qui fit que je m'attachai spécialement à une partie aussi dangereuse, espérant diminuer l'imminence des périls qu'elle présente. Je place en premier lieu l'influence qu'exerce sur l'organe visuel le dégagement du gaz nitro-éthéré, qui a lieu pendant la préparation du produit cité ; l'affaiblissement considérable de ce sens chez moi, qui, pendant sept années, plus que personne, ai souffert de l'impression que je signale, en est une preuve. En second lieu je parlerai du mal interne tant que dure la préparation. Les symptômes suivants se sont manifestés chez moi ; c'est d'après l'expérience que je parle : douleurs atroces de la poitrine et de l'estomac, sensation brûlante à la première région, pression extraordinaire à la seconde ; d'autrefois, coliques violentes de l'abdomen, accompagnées de dyssenterie dans ce cas ; alors, dégoût absolu de tous les aliments en général et impuissance de les digérer si légers qu'ils fussent : dans le premier cas, appétit aussi violent, que le dégoût dans le second ; la soupe était l'aliment que je trouvais le plus convenable avec le riz ou des pâtes cuites au lait.

En général j'ai remarqué que les premiers symptômes se manifestaient à une basse température, et les suivants à celle ascendante, quelle qu'elle fût ; j'éprouvais fréquemment des crampes douloureuses dans les articulations ; notamment, cette indisposition m'est restée et se renouvelle chaque jour. La chaleur du lit, des vêtements, ou celle de l'atmosphère, semble la provoquer ; la douleur est d'une intensité remarquable et a des périodes plus rapprochées, quand le temps est à l'orage. Dans tous les temps durant la préparation, j'éprouvais une impression de froid douloureuse, depuis le sommet de la tête jusqu'au bas de la colonne vertébrale, accompagnée parfois de vertiges. Plus la température était élevée, plus l'impression était pénible ; les vertiges n'avaient lieu qu'à celle inférieure. Ces détails ont déjà été fournis par moi à M. Gaultier de Claubry, dans les premiers jours de mars dernier, dans une entrevue que j'eus avec lui, à la suite d'une lettre qu'il me fit l'honneur de m'adresser à cet effet, laquelle je joins aux attestations qui établissent la propriété que M. Chevallier me conteste.

Je remonte aux faits antérieurs. Quelque temps avant mon entrée chez M. Gevelot, un homme Pierre Lassade, travaillant chez lui, avait engagé ce dernier à préparer le fulminate dans des matras, ainsi qu'il me dit depuis l'avoir vu pratiquer de cette manière étant en Angleterre où il avait travaillé dans cette partie, attendu qu'on le préparait alors dans de grandes terrines, en versant sur 9 livres 12 onces de nitrate acide de mercure préparé dans les proportions de 3 de mercure à 36° d'acide un volume égal d'alcool à 36°. Cela pouvait être sans inconvénient dans un vase tel qu'une terrine, attendu que l'alcool était contenu dans un broc de bois, dont l'ouverture était fort large, ce qui fait que l'alcool arrivait dans le nitrate-acide, d'un seul jet, et dans un laps de temps si court, que la réaction ne pouvait se produire avant que le mélange de l'alcool n'ait eu lieu en totalité. Ce fut alors que l'on divisa la quantité de dix-neuf livres huit onces de dissolution qui se préparait en une seule fois, en 5 parties égales, pour la verser sur son volume d'alcool, contenu dans un matras de 10 à 12 pintes.

Comme on n'observait pas de régularité dans la température à laquelle on employait la dissolution, l'opération était toujours très imparfaite; d'autant plus que la dissolution elle-même était mal préparée. On mettait le matras qui la contenait sur un bain de sable médiocrement chauffé, et on regardait à plusieurs fois ce qu'il pouvait rester de mercure, et dès qu'on n'en voyait plus paraître qu'à peu près grand comme une pièce de vingt sous, on la retirait pour en placer une autre. Enumérant ces imperfections, je parvins à faire comprendre à M. Gevelot qu'il était dans son intérêt d'opérer autrement; ce fut alors que la dissolution fut préparée à feu nud et employée à une température constante, ayant remarqué qu'il existait toujours une révification d'une grande portion de métal, à peu près 10 à 12 pour o|o, ce que je ne pouvais plus attribuer au mauvais mode de dissolution, puisqu'elle était tenue sur le feu, tant que le dégagement du gaz-nitreux avait lieu. Outre cet inconvénient, une quantité notable de sous-nitrate de mercure se formait aux dépens du fulminate et, en altérant sa pureté, diminuait l'énergie de sa propriété; je crus reconnaître que les choses ne se passaient ainsi que parce que la quantité d'alcool n'était pas en rapport avec celle du nitrate, et qu'il était nécessaire dans ce cas d'augmenter l'un ou de diminuer l'autre. Ce fut alors qu'il me vint à l'idée de consulter divers traités de chimie, notamment ceux de MM. Thénard et Orfila, pour voir si le procédé qu'ils indiquaient, et que je me rappelais avoir pratiqué sur une échelle extrêmement minime, lors de mes études en pharmacie, ne serait pas applicable à cette opération sur de plus grandes proportions. L'expérience me démontra l'impossibilité de réussir comme je l'aurais désiré.

Trompé dans mon attente, je dus en revenir au procédé généralement mis en usage, me confiant au temps et à des expériences aussi souvent réitérées qu'il me serait possible; pour arriver à des résultats satisfaisants, je commençai alors par augmenter graduellement la quantité d'alcool jusqu'à un quart en plus de celle précédente : j'obtins alors très peu de sous-nitrate, mais toujours une quantité à peu près égale de mercure métallique; j'augmentai encore la quantité d'alcool; un autre inconvénient se présenta : la réaction n'avait plus lieu que dans le cours de une à deux heures. Souvent aussi le mélange refroidissait totalement avant qu'elle se fût manifestée; alors les mots durs et les expressions désagréables, et parfois plus que désobligeantes, de la part de mon patron, venaient ajouter à mon désenchantement, et m'empêcher, pendant quelque temps, de tenter de nouveaux essais, dont cependant ce dernier recueillait tous les fruits. Le désagrément que j'éprouvais sous ce rapport venait stimuler le désir ardent que j'avais d'arriver à des résultats satisfaisants. Pour m'élever dans l'opinion de celui dont les exigences ont, pendant sept années consécutives, paralysé l'essor que depuis deux ans j'ai donné à la préparation du produit qui nous occupe, tant sous le rapport scientifique que sous celui de l'économie industrielle; pour vaincre, autant qu'il était en mon pouvoir, les obstacles que me suscitait l'emploi rigoureux du temps que j'étais obligé de donner au travail, et celui des matières premières qui m'étaient confiées, et dont je devais justifier, j'achetai de petites fioles de la contenance de quelques onces, et je pus, en opérant sur de très petites quantités, consacrer à ces essais une partie des heures de la nuit où je m'appartenais. Ce fut alors que j'arrivai à un résultat aussi beau que je le désirais, et dont à la première occasion je fis l'application aux quantités que je traitais ordinairement; il s'agissait seulement d'employer d'abord, avec le nitrate-acide de mercure, une quantité d'alcool à 36°, aussi grande que possible, et variable en raison de la température atmosphérique, sans toutefois qu'elle pût nuire à la réaction qui devait se produire au plus dans l'espace d'un quart d'heure : la surveiller attentivement, et, aussitôt l'apparition du gaz nitreux, verser légèrement, et par petite quantité, de l'alcool jusqu'à cessation complète de dégagement du gaz nitreux, et précipitation totale du fulminate ; il fallait toutefois ajouter l'alcool de manière à ce qu'il coulât légèrement sur les parois intérieures du matras où se faisait l'opération ; le résultat n'aurait plus été le même, si on l'eût versé de manière à ce qu'il pût couler au milieu du matras. C'est de ce moment que date pour moi tout ce que cette préparation a de pénible ; car en augmentant d'une manière considérable les bénéfices de l'homme qui me payait, j'avais augmenté aussi pour moi les graves inconvénients attachés à cette préparation ; car si dans les premiers temps je pouvais me soustraire à l'influence délétère du gaz nitro-éthéré en me tenant à une certaine distance, cela n'était plus possible maintenant qu'il fallait rester là pour ajouter en temps l'alcool nécessaire pour que l'opération fût aussi parfaite que possible. Dès les premiers temps de mon entrée chez M. Gevelot, il me dit un jour que je souffrais horriblement, que M. le professeur Pelletier l'avait entretenu de la possibilité de recueillir le gaz qui se dégageait : je cite sa propre expression. Sur sa demande, si je pouvais réaliser cette idée, je lui répondis que je croyais la chose possible à exécuter, mais qu'il y aurait toujours un vice : c'est que pour terminer l'opération, on serait obligé de déluter l'appareil qu'on pourrait appliquer en ajoutant l'alcool nécessaire ; qu'alors on diminuerait peu le mal que j'éprouvais, et que cela entraînerait à des lenteurs onéreuses dans la main-d'œuvre, et à des dépenses assez grandes pour les essais, qui, d'ailleurs, ne me présentaient pas la certitude du succès que j'aurais désiré, et j'étais d'autant plus timide, qu'en cas de non réussite, M. Gevelot m'aurait retenu sur mes appointements tout ou partie des dépenses occasionnées par mes conseils, qu'il sollicitait d'ailleurs ; on concevra facilement que l'épreuve de tels procédés que j'avais déjà subie ait dû me rendre circonspect en matière d'innovation.

Ici se trouve naturellement la place de l'origine de mes relations avec M. Chevallier. J'avais connu un élève en pharmacie nommé Vallery ; en quittant Tonnerre, je demandai son adresse à Paris : on m'indiqua la pharmacie Chevallier. Comme ce fut à quelques jours de mon arrivée à Paris que je m'attachai à la maison Gevelot, je me réservai de voir plus tard M. Vallery ; il y avait à peine quinze jours que je m'occupais des préparations fulminantes, que je fus atteint d'une fluxion érisypélateuse, qui s'étendit à toute la figure. Mes souffrances étaient des plus vives et j'y voyais à peine ; outre cette indisposition, j'étais affecté d'engelures qui m'indisposaient gravement chaque hiver. J'en avais partout : aux mains, aux pieds, aux oreilles, même jusques sur les joues (il est à remarquer que de cette année j'ai cessé d'en avoir) ; celles des mains s'étaient ulcérées dès leur apparition. Cette cause, jointe à l'action corrosive des eaux-mères et celles de lavage du fulminate de mercure, m'avait mis les mains dans un état tellement déplorable, que je dus cesser tout travail, pouvant à peine me vêtir. Ce fut alors que je revins à Paris pour me traiter convenablement. Ayant besoin de divers médicaments, je saisis cette occasion pour demander M. Vallery. On me répondit que depuis un assez long temps il n'était plus dans la maison. Je me liai dans la suite avec M. Deleschamps, depuis le successeur de M. Chevallier, et M. Paul Boqué, lequel quitta cette maison dans le courant de 1831. Ce fut dans les conversations, relatives à mes travaux, que j'eus plusieurs fois avec ces Messieurs, conversations auxquelles M. Chevallier assista, puisque c'était chez lui qu'elles avaient lieu, qu'une fois il me témoigna sa surprise de ma hardiesse à préparer de telles quantités d'un produit aussi dangereux, disant que pour lui on le paierait cher avant qu'il le tentât ; qu'il avait une peur horrible de ces préparations depuis qu'en s'y livrant au jardin du roi, il avait failli être tué. M. Chevallier raconta même cette fois l'anecdote suivante : Allant porter à quelqu'un de sa connaissance, qui les lui avait demandés, quelques grains de fulminate, ou d'ammoniure d'argent, privé d'humidité, je ne pourrais pré ciser lequel, renfermés dans une petite boîte de carton, qu'il portait dans une poche de son habit, arrivé dans une rue voisine du Luxembourg, il heurta involontairement le pan de son habit, ce qui détermina l'explosion de la matière fulminante, et le renversa violemment à terre, en déchirant et séparant le pan, du corps de l'habit. On pourrait, à cet égard, invoquer les souvenirs de M. Deleschamps; peut-être se rappellerait-il ces diverses circonstances. Dans tous les cas, j'affirme que telle est la vérité. Ce fut dans une de ces entrevues *ex abrupto*, que M. Chevallier me questionnant sur mes opérations, je lui en parlai au long, car j'avais et j'ai plus encore maintenant une espèce d'idolâtrie pour ce travail. Il semble que dès cette époque j'entrevoyais l'espoir d'un avenir dans les perfectionnements que j'avais le désir et la volonté d'y apporter, et dans lesquels je n'étais arrêté que par le manque d'appréciation dont j'étais l'objet de la part de mon patron. M. Chevallier me demanda un jour quel emploi je faisais de l'eau mère; il manifesta son étonnement en apprenant qu'on la jetait, me priant de lui en remettre pour l'analyser; ce que je fis pour la première fois, dans le courant de mai 1829. Je ne saurais dire combien de fois depuis cette époque jusqu'au milieu d'avril 1834, je remis, tant à M. Chevalier qu'à M. Deleschamps, de ces eaux-mères, mais ce fut bien souvent. Les premières furent perdues par la rupture des vases qui les contenaient, sans qu'alors il y eut possibilité de me communiquer les résultats d'un travail quelconque. J'arrive enfin au jour où je fis mes premiers essais de condensation : ce fut, autant qu'il peut m'en souvenir, le 12 ou 13 septembre 1832. Je terminais l'emploi des matières que j'avais commencé quelques jours auparavant, l'idée me vint d'essayer si je pourrais condenser avec l'appareil dont le croquis est entre les mains de la commission.

Je versai comme à l'ordinaire, dans le matras, l'alcool et le nitrate-acide de mercure; j'ajustai aussi promptement que possible les pièces qui devaient aider la condensation; je lutai avec soin et j'obtins pour résultat une quantité notable d'alcool-éthéré, très chargé d'acide, mais d'une odeur agréable. Je ne remarquai pas une diminution bien sensible dans le dégagement; seulement il me sembla que le gaz avait un peu moins d'âcreté; je réitérai trois ou quatre fois cette expérience dans la même journée, et j'obtins assez de liquide condensé pour en remettre le lendemain un flacon de la contenance de 8 à 10 onces à M. Deleschamps et à Mme Chevallier, Monsieur n'y étant pas; le même jour je vis également M. Barruel, de la Sorbonne, avec qui j'eus une conversation assez longue : entre autres circonstances, je le priai de vouloir bien m'indiquer quel emploi on pourrait faire de la liqueur éthérée, produite par la condensation. Il me répondit qu'il ne voyait que la fabrication du vernis; que quant à l'usage médical de l'éther nitrique, il était extrêmement restreint.

J'ai cru long-temps avoir laissé à M. Barruel un des flacons que j'avais emportés. Dans une conversation récente que j'ai eue avec lui, il m'a dit se bien rappeler la circonstance que je viens de citer, mais qu'il n'avait point souvenance d'avoir eu en sa possession aucun échantillon du produit de la condensation; j'ai donc pu faire une erreur involontaire dans le brouillon de la lettre que je fis en mars dernier, en citant ce fait. Plus tard, le 12 octobre de la même année, j'achetai, d'après les ordres de M. Gevelot, des tuyaux en plomb, chez M. Piquet, plombier, rue Saint-Sauveur, et je les portai moi-même chez M. Briant, potier d'étain, rue Saint-Martin, pour lui commander un serpentin, qu'il me livra à quelques jours de là. Ce serpentin fut placé dans une pipe sciée à hauteur convenable pour servir de réfrigérant, et j'appliquai aussitôt à cet appareil, un par un, plusieurs ballons contenant le mélange nécessaire à la préparation du fulminate de mercure. La condensation, sans toutefois être aussi parfaite que je l'ai obtenue depuis, fut cependant considérable; le produit que j'en obtins se séparait en deux couches bien distinctes : celle supérieure était d'une belle couleur citrine, et l'inférieure, incolore, d'un aspect un peu trouble, ce que j'attribue aux atômes de plomb qu'elle tenait en dissolution. A mon premier voyage à Paris, j'en portai à M. Chevalier, qui ne me dit rien autre chose si ce n'est qu'il était dommage qu'on n'employât pas l'éther nitrique comme l'éther sulfurique. Sur la question que je lui fis, par rapport à la division du liquide en deux couches dissemblables, il me répondit que la couche supérieure était de l'éther, et qu'il croyait que l'autre était de l'acide nitrique faible; je l'ai cru longtemps aussi, l'expérience est venue me démontrer que c'était au contraire de l'alcool éthéré, d'autant moins chargé d'un excès d'acide, que j'arrêtais la condensation dès que le gaz rutilant commençait à paraître. Je cessai mes expériences dès que j'eus terminé l'emploi des matières premières qui m'avaient été livrées. Dans les premiers jours de novembre j'allai commander chez M. Acloque, 12 ou 15 matras, de la contenance de 40 à 45 pintes, avec une tubulure près du col, que son successeur, M. Vimeux, me livra en mars ou avril suivant, alors 1833. Vers cette époque je fis ajouter deux tours de plus au serpentin dont j'ai parlé; j'en fis faire un second, et je les disposai dans leurs réfrigérants, pour me livrer à de nouveaux essais; la condensation fut alors plus parfaite qu'elle ne l'avait été jusqu'alors, en raison probablement, de l'addition faite au serpentin, et le produit d'autant plus considérable. Comme les opérations étaient continuelles, les serpentins furent perforés en peu de jours, par le mercure condensé pendant l'opération, lequel s'était attaché à leurs parois intérieurs. Ce moyen de condensation devenait donc impraticable; en eût-il été autrement que le résultat obtenu diminuait bien peu les inconvénients déjà signalés, puisqu'on était obligé de rester là au moment de l'opération, où le mal qu'elle produisait devenait plus sensible. Dans mon désir d'arriver à un but que la souffrance que j'éprouvais me faisait un pressant besoin de saisir, je passai à d'autres essais qui n'amenèrent aucun résultat satisfaisants. Toute la journée du 1er mai, découragé que j'étais alors, je proposai à M. Gevelot d'engager M. Chevallier à vouloir bien se transporter à la fabrique, pour assister aux opérations que j'avais à faire; que je ne doutais pas de son obligeance à cet égard, et qu'il pourrait me donner de bons conseils. Sur l'autorisation que je reçus, le lendemain même je vis M. Chevallier chez lui, et le priai en mon nom et celui de M. Gevelot de vouloir bien m'indiquer quel jour il pourrait se transporter à la fabrique de ce dernier, pour y voir le travail dont je l'avais plusieurs fois entretenu; il accepta, je dois le dire, avec empressement, et m'indiqua le dimanche suivant, 5 du même mois, jour où je fus le prendre chez lui pour le conduire à la fabrique, où M. Gevelot nous rejoignit. Là, M. Chevalier vit les serpentins perforés; je fis quelques opérations en sa présence; depuis quelques jours, il m'était venu à l'idée de restreindre le dégagement du gaz nitro-éthéré, au moyen d'un fort bouchon de liége, fermant aussi hermétiquement que possible l'ouverture du matras dont je me servais, et traversé dans sa longueur par un petit tube de 2 lignes et demie à 3 lignes de diamètre, courbé en siphon dont la seconde branche était disposée au-dessus d'une terrine recueillant le produit condensé qui n'était rien autre chose que du nitrate de mercure, peu riche de ce métal, attendu que ce vase offrant une surface considérable, l'éther et l'alcool éthéré se volatilisaient pour ainsi dire instantanément; la seule chose remarquable que fit M. Chevalier fut de soumettre un sou à l'action du gaz qui se dégageait par l'extrémité du tube dont je viens de parler, ce qui lui fit prendre aussitôt un aspect argentin, sur quoi il exprima l'opinion qu'il y avait une quantité considérable de mercure volatilisé ainsi, et une non moins grande perdue dans les eaux-mères; qu'il importait de les recueillir des deux côtés, par des procédés qu'il allait étudier, et qu'il me communiquerait dès qu'il serait arrivé à une solution satisfaisante. Pressé par moi sur le moyen qu'il croyait qu'on pourrait appliquer avec quelques succès à la condensation, voilà quelles furent ses réponses : 1° Qu'il fallait réparer les serpentins et faire goudronner l'intérieur ; 2° Essayer de faire faire par un potier un serpentin en terre, et plusieurs en cas de réussite, dont on ferait l'application comme j'avais fait de ceux en plomb. Je l'ai déjà dit, ce moyen de condensation ne remplissait pas le but que j'étais désireux d'atteindre ; peu m'importaient les produits de la condensation, puisque l'opinion générale ne leur assignait aucune utilité; ce qu'il m'importait d'obtenir, c'était une condensation aussi parfaite que possible, qui vînt diminuer pour moi les souffrances dont j'ai parlé plus haut.

Or, voici ce que M. Chevallier proposa en dernier lieu : d'établir sur son socle ou trépied, une fontaine en grès de la plus grande dimension, que l'on fermerait de son couvercle luté, en y ménageant toutefois une petite ouverture ; qu'on la percerait dans son pourtour, et à la hauteur convenable, de 6 ou 8 trous de 3 à 4 lignes de diamètre, pour servir à l'introduction de tubes dont les autres extrémités communiqueraient aux ballons contenant les matières de l'opération ; que l'on en grouperait ainsi 6 ou 8 autour de la fontaine. Sur l'observation que je fis que la réaction, n'ayant pas lieu dans tous en même temps, le gaz non condensé pourrait refluer dans ceux où elle ne s'était pas encore manifestée, et en occasionner la rupture, M. Chevallier répondit qu'on parerait à cet inconvénient en adaptant à chacun d'eux un tube de sûreté. Je demandai alors à M. Chevallier s'il ne jugerait pas convenable d'ajouter à la fontaine dont je viens de parler, un appareil de Woulf, auquel on donnerait toute l'extension nécessaire pour obtenir une condensation parfaite. Il me répondit vaguement, qu'on verrait dans la suite; que ce qu'il voyait de pressant, et pourquoi on ne devait pas perdre de temps, c'était de retirer le mercure qui était perdu dans les eaux-mères, qu'on jetait alors dans un puisard *ad hoc*; qu'il était sur le point de s'absenter de Paris, mais qu'aussitôt son retour il apporterait tous ses soins à ce travail. M. Chevallier repartit immédiatement avec M. Gevelot; et le 28 du même mois, non le 16, comme il le prétend, il écrivit à M. Gevelot la lettre dont la copie me fut remise par ce dernier, pour que j'eusse à m'entendre sur son contenu avec M. Chevallier, à mon premier voyage à Paris; cette lettre est jointe aux attestations qui sont entre les mains de la commission, et dont l'existence détruit déjà une des assertions émises par M. Chevallier, dans la lettre qu'il m'adressa au 20 mars dernier. Je reviens sur les faits. Malgré mon opinion en faveur des conseils de M. Chevallier, M. Gevelot ne voulut faire aucun essai, et les choses en restèrent là. Dans les premiers jours de septembre suivant, je vis M. Chevallier ; il me donna rendez-vous pour le lendemain, d'aussi bonne heure que possible, pour travailler dans son laboratoire à analyser de l'eau-mère que je devais lui apporter; ce que je fis. M. Chevallier en pesa une livre qu'il mit sur le feu, dans une capsule de porcelaine, y ajouta de la potasse jusqu'à saturation complète, filtra, tenta de décolorer le liquide filtré, par du charbon animal, et les choses en restèrent à ce point.

Ce fut à peu de temps de là que j'entrai en pourparler avec M. Gaupillat, relativement à l'association qui nous a réunis depuis. Plus tard un avis inséré dans le Journal des Débats du 9 mai 1834, vint me donner l'idée de réaliser plus tôt notre projet d'association, qui, primitivement ne devait avoir lieu qu'au 1er mars 1836, époque où je me trouvais libre d'un engagement contracté avec M. Gevelot. L'avis inséré dans le journal dont je parle, portait en substance, que M. Etienne de Romer, fabricant de produits-chimique à Vienne en Autriche, offrait à la personne capable de diriger avec succès, une fabrique d'amorces, (qu'il avait précédemment suspendue ne pouvant plus soutenir la concurrence avec MM. Séllier et Bellot, établis à Prague), sans mise de fonds, la moitié des bénéfices produits par son exploitation. L'idée me vint d'embrasser à la fois ces deux opérations, c'est-à-dire de faire une double spéculation qui, dans l'état des choses aurait pu servir avantageusement les intérêts des deux maisons.

En conséquence, j'écrivis donc à M. de Romer, à peu de jours de là, du 15 au 20 mai, et je reçus sa réponse, qui, ne satifaisant pas à mon attente, me fit donner ma parole définitive à M. Gaupillat, de rompre avec M. Gevelot pour la fin de l'année, et commencer à travailler pour notre compte, au premier janvier suivant. Ayant remarqué près de la propriété que nous occupons maintenant, une autre qui me paraissait convenable à l'exploitation projetée, je vis, accompagné de M. Gaupillat, M. Chevallier, pour avoir son avis sur la situation locale de cet endroit, relativement aux oppositions que nous pourrions craindre de nous voir susciter.

M. Chevallier eut la bonté de nous accompagner sur les lieux, et de nous dire qu'il ne pensait pas qu'on pût nous empêcher de travailler en cet endroit; que dans tous les cas il nous engageait à voir les propriétaires du voisinage, et à nous assurer de leurs bonnes dispositions à notre égard. Là je parlai à M. Chevallier de l'intention où j'étais de chercher à condenser le gaz nitro-éthéré aussi parfaitement que possible, de manière à faire taire les oppositions qui pourraient se présenter sous ce rapport, et je lui demandai même si dans le cas de réussite cette circonstance ne contrebalancerait pas les oppositions qui pourraient survenir contre nous; il me répondit affirmativement, et finit par me demander de lui faire remettre des eaux-mères à la première occasion; ce que je lui promis, devant bientôt me livrer à des préparations. Depuis cette époque, je ne vis plus M. Chevallier que le 18 août suivant, que je le rencontrai à St. Cloud, où il avait pris rendez-vous avec M. Gevelot, ce dernier m'ayant ordonné de m'y rendre.

Il s'agissait alors, s'il m'en souvient, d'un rapport que M. Chevallier devait faire au conseil de salubrité, sur la disposition locale de la fabrique pour faire obtenir l'autorisation voulue par les réglements; je fis voir à M. Chevallier des matras que j'avais fait faire en janvier précédent, chez M. Pochet-Deroche; ils étaient de la contenance de 40 à 45 pintes, avec une tubulure du diamètre intérieur de 2 lignes à 2 lignes 1/2; j'introduisais alors les matières de l'opération par le col que je fermais ensuite avec un fort bouchon de liége, et le dégagement du gaz produit se trouvait alors extrêmement restreint, ne pouvant avoir lieu que par la petite tubulure. Ce procédé, s'il ne diminuait pas grandement les inconvénients attachés au travail, les atténuait toujours un peu, en ce qu'il y avait une condensation intérieure qui retardait l'irruption du gaz rutilant et en saturait une partie. Outre cela, l'expérience m'a prouvé que ce mode de préparation, bien qu'ayant lieu à une température presque constante de 24 à 28 degrés, employait plus d'un dixième d'alcool en moins que l'ancien, fait à celle moyenne de 8 à 12, et donnait en résultat une augmentation notable dans l'obstension du produit. Quelques essais faits chez moi sur de très petites quantités de matières, et avec des vases très petits et appropriés, autant que possible, au but vers lequel je tendais, m'avaient mis sur la voie de l'appareil que je montai quelques mois plus tard.

Sûr du moyen qui devait produire, à ma satisfaction, le résultat que je poursuivais depuis aussi long temps, j'en fis part à toutes les personnes dont les attestations sont jointes au présent mémoire, qui me félicitèrent et me donnèrent, notamment M. Boissard, préparateur de M. Robiquet, des conseils qui m'ont été d'une grande utilité; entre autres, j'exprimais à M Boissard l'intention que j'avais de substituer dans le travail en grand, des cornues tubulées aux ballons; il m'objecta que des cornues de la forme ordinaire et d'une aussi grande dimension que je comptais les employer, seraient extrêmement fragiles et pourraient par leur rupture amener des accidents que j'éviterais en les ayant de forme sphérique; ce fut d'après ce conseil que je les commandai ainsi, chez M. Pochet Deroche et, d'après la note ci-jointe qu'il a bien voulu réclamer à la verrerie où on l'a exécutée, et à laquelle il a joint une lettre. L'entonnoir qui remplace la tubulure servait à ajouter sur la fin de l'opération et de la manière dont j'ai déjà parlé, l'alcool nécessaire pour la terminer. On le fermait ou l'ouvrait à volonté avec une cheville en bois tendre de la forme d'un fuseau, de laquelle M. Chevallier veut bien me reconnaître l'idée.

Je n'ai revu M. Chevallier que dans le courant de novembre; j'étais alors sorti de chez M. Gevelot depuis plus d'un mois, et j'attendais que les ouvriers eussent terminé leurs travaux à notre fabrique, pour commencer mes essais sur le plan que j'avais conçu antérieurement. Dans ma visite à M. Chevallier, je l'entretins de ces circonstances; lui me parla de son idée favorite, le travail des eaux-mères qu'il me dit devoir produire de grands avantages, qu'il me communiquerait le moyen, dès qu'il serait arrivé à un résultat désirable, et qu'alors les bénéfices de cette exploitation seraient en commun. Sur ma demande des résultats qu'il avait obtenus de deux bouteilles que M. Gevelot lui avait adressées dans le courant de septembre, chez MM. Cartier et Grilleux, à Pontoise, où il avait, je crois, passé la fin de la belle saison; il me répondit qu'elles ne lui étaient parvenues que peu de jours avant son départ, et qu'alors il n'avait pu s'en occuper; que je voulusse bien dès ma première opération lui mettre de côté, non-seulement des eaux-mères, mais encore celle de lavage du fulminate; ce fut à peu de jours de là, que j'achetai chez M. Bertin, fabricant de poterie, les pièces nécessaires pour monter mon appareil, telles qu'elles sont désignées en son attestation. Le 2 décembre, je vins avec M. Gaupillat au Bas-Meudon; ce fut la première nuit que nous y passâmes, et une partie en fut employée à commencer à monter l'appareil; il s'agissait alors de réunir et consolider les pièces qui devaient former un tout à peu près convenable, et fixer dans des pipes sciées et remplies d'eau les 4 bouteilles à deux tubulures composant l'appareil de Woulf précédé d'un cylindre en terre cuite d'à peu près 10 pouces de diamètre, sur l'un des côtés duquel devaient être disposées les cornues où se préparait le fulminate. Dans la matinée du 3, vers onze heures, eut lieu la catastrophe qui priva de la vie deux personnes travaillant dans le séchoir de la fabrique de M. Gevelot; je cite cette circonstance, parce qu'elle est en quelque sorte le pivot sur lequel tourne la discussion d'aujourd'hui entre M. Chevallier et moi.

On comprendra la consternation qu'un événement aussi fâcheux vint jeter dans le pays, et la prévention terrible qui se manifesta dans tout le voisinage. Les personnes les mieux disposées envers nous avant ce malheureux accident, s'attirèrent le blâme d'une immense majorité en restant neutres dans les vives oppositions qui s'élevèrent contre notre établissement.

Je pris courage en me rappelant que pareille chose avait eu lieu lors du premier accident arrivé chez M. Gevelot, lequel avait précédé de peu de jours mon entrée chez lui; je me souvins qu'il m'avait dit lui-même, qu'à cette époque, il avait eu de chaudes recommandations près du conseil d'état et celui de salubrité. Ce fut alors que j'allai avec M. Gaupillat, voir M. Duret, membre de la société de pharmacie, qui demeurait dans notre voisinage, et que je croyais faire partie du conseil de salubrité, il me détrompa à cet égard. Je lui parlai alors de l'appareil que je venais de monter, et de l'intention que j'avais d'engager MM. Pelletier et Chevallier, seuls membres du conseil de salubrité, dont les noms fussent venus jusqu'à moi, d'avoir la bonté de vouloir bien visiter notre établissement et assister aux premiers essais de notre appareil, afin d'en apprécier les avantages et en rendre le compte qu'ils jugeraient convenable au conseil; enfin les prier d'aider de tout leur pouvoir deux jeunes gens qui, dans la pénible situation où les plaçait un accident imprévu, n'avaient d'espoir que dans leur bienveillance. M. Duret nous promit son appui et qu'il se rendrait avec plaisir à notre invitation le jour que MM. Pelletier et Chevallier m'indiqueraient. Or désirant de tout mon pouvoir que l'opération [illegible] aussi parfaitement qu'on pouvait l'obtenir en présence de ces messieurs, je voulus faire quelques essais qui me fixassent convenablement. Ce fut alors que j'invitai MM. Boissard, préparateur de M. Robiquet, Lombard, médecin à Issy; Arnould, fabricant de produits chimiques à Saint-Denis, Vrayet de Surcy, contrôleur des douanes, attaché à son établissement, et plusieurs autres personnes dont les attestations viennent à l'appui de ce que j'avance.

Les quatre personnes que je viens de nommer, assistèrent seules à la première opération qui eut lieu en leur présence, le 6 décembre 1834; les cornues sphériques étaient disposées latéralement à l'appareil, malgré le peu de temps qui s'était écoulé entre l'introduction des matières dans chacune d'elles, la réaction eut lieu promptement; dans la première, une partie du gaz qui s'en dégageait reflua non condensé dans le vide de la seconde au moment où la réaction allait avoir lieu; dans celle-ci, l'exaltation de ce même gaz, produite par le développement considérable de la chaleur qui se manifestait alors, occasionna sa rupture, et vint me démontrer matériellement l'impossibilité de réussir comme je l'aurais désiré, car je n'avais pas conçu l'appareil autrement que d'après la description suivante : un cylindre en terre cuite fermé à son extrémité supérieure, d'un diamètre de 12 à 15 pouces, sur une longueur de 30 à 40 pieds, percé, à distances égales, de trous propres à l'introduction du col des cornues, disposé en plan incliné et supporté dans sa longueur par des chevalets ou trétaux, et ajusté à sa partie inférieure sur une jarre en terre cuite à deux ouvertures, de la contenance de 200 à 250 pintes, (telles que j'en ai vues chez MM. Payen et Burand, à Saint-Denis, en visitant leur fabrique, avec MM. Arnould et Bertrand, à l'époque où ces derniers étaient sur le point de traiter de l'acquisition d'une partie de cet établissement) de laquelle serait partie une allonge communiquant à un appareil de Woulf, auquel j'aurais donné tout le volume et l'extension voulue pour condenser sans danger et aussi parfaitement qu'il était nécessaire. Après le petit accident dont je viens de parler, je fermai l'ouverture qui avait servi à l'introduction du col de la cornue brisée, et l'opération se continua dans celle restante, que M. Lombard me conseilla de placer sur le derrière de l'appareil. Cela changeait tout-à-fait l'idée que j'avais adoptée; puisque par ce moyen il allait falloir autant d'appareils que j'avais l'intention d'employer de cornues, parti que j'adoptai, et d'après lequel je commandai à M. Bertin ceux qui sont maintenant aux Bruyères, en mutilant le plan original qu'avait dressé M. Chéreau; j'oubliais de dire que dans l'origine de mon projet; j'avais l'intention d'avoir dans les jarres et tourilles de l'appareil une dissolution alcaline quelconque, afin de saturer tout l'acide possible qui se trouvait condensé pour avoir le produit éthéré dans un plus grand état de pureté, l'excès de travail auquel j'ai été astreint jusqu'alors par l'extension forcée que l'augmentation progressive de nos relations commerciales est venu donner à notre fabrication, m'a empêché de donner suite aux améliorations importantes que je projette, et dont je crois ce travail susceptible. Si le succès répond à mon attente, je me ferai tout à la fois un devoir et un plaisir de communiquer à l'honorable commission le résultat de mon travail ainsi que les observations et les faits que j'aurai recueillis, autant qu'elle l'aurait pour agréable.

Je reviens au but principal de ce mémoire, après m'être assuré que mon appareil était tel que je le désirais, qu'il remplissait aussi convenablement que possible le but que je m'étais proposé dans son application, je rédigeai notre demande en autorisation, en indiquant les avantages qu'il procurait : je disais donc, et cela est vrai, appareil que nous avons inventé. Messieurs de la commission se rappelleront sans doute, que telle cependant n'a point été ma présomption; je n'ai jamais prétendu qu'au mérite s'il y en avait dans l'application, de l'appareil bien connu de Woulf, avec l'addition dont l'idée est mienne, il est vrai, et non d'autres. Je ne me servais donc de la phrase citée plus haut, que pour éviter, autant que possible, d'entrer dans des détails qui auraient pu paraître fastidieux, me réservant de les donner verbalement dans l'occasion. Au besoin, MM. Barruel aîné, Gaultier de Claubry; Colin, professeur de chimie; Frémy de Versailles, Rumeau, ingénieur civil, demeurant aussi à Versailles, attesteraient ce fait, et par-dessus tout, une lettre de M. Chevallier fait foi de mon dire. A cet égard, M. de Mahéas, sur la demande de M. Gaupillat, mit au net notre demande en autorisation pour être remise dans les bureaux de la Préfecture de Police. Avant de faire cette démarche, nous voulûmes toutefois la soumettre à M. Chevallier (pour qui, d'ailleurs, j'avais apporté des eaux-mères et des produits de la condensation), afin d'avoir son avis, et le prier de vouloir bien la remettre, s'il le pouvait, lui-même à M. le préfet en l'appuyant de son influence pour tâcher de nous faire obtenir une autorisation provisoire, craignant qu'en raison de l'accident qui venait d'avoir lieu chez M. Gevelot, on n'usât pas envers nous d'une tolérance dont nous avions le plus grand besoin, ayant déjà pris des ordres pour livrer de nos produits à une époque très rapprochée. On comprendra facilement que si, comme le prétend M. Chevallier, il m'avait remis un croquis de l'appareil qu'il dit être sien; qu'enfin, après avoir pratiqué ses idées, j'aie voulu me les approprier sans partage, je ne lui aurais pas soumis, ainsi que je l'ai fait, notre demande contenant une contradiction aussi flagrante, je l'aurais sans autre forme remise à la préfecture; sauf plus tard à nier la collaboration de M. Chevallier, dans le cas où il aurait réclamé. Je me borne en ce moment à citer les faits dans leur exacte vérité, et j'affirme que M. Chevallier fait erreur en avançant des faits où la vérité et les convenances sont blessées plus que je ne saurais le dire. Il réclama donc, dis-je, contre la phrase citée, et exigea la substitution de celle *que nous devons aux conseils de M. Chevallier*, ce que nous acceptâmes sans réplique, prévoyant peu les conséquences d'une condescendance qu'on pourrait appeler niaise, si elle n'eût été dictée par la gravité des circonstances relativement à nos intérêts, et par un sentiment de reconnaissance que j'étais en quelque sorte désireux de manifester en échange du service que nous venions solliciter. J'invitai donc M. Chevallier à me fixer le jour où il pourrait se transporter à notre fabrique; il m'indiqua le dimanche suivant 14; de là nous allâmes chez M. Pelletier qu'on nous dit être absent, après quoi M. Gaupillat fit prier M. de Mahéas de passer chez lui sans faute dans la soirée, pour transcrire de nouveau la demande en autorisation avec la rédaction demandée par M. Chevallier, ce qui fut fait selon son désir.

Dans la matinée du lendemain nous la lui portâmes pour l'assurer que nous nous y étions conformés, et le prier alors de vouloir bien la remettre lui-même, ce qu'il éluda, en nous disant de le faire de sa part à M. Trébuchet, chef de bureau; il nous apprit que la veille MM. Gaultier de Claubry et Pelletier s'étaient transportés à la fabrique de M. Gevelot pour faire un rapport sur le sinistre qui venait d'y avoir lieu; que du reste il croyait qu'il était question au conseil de prescrire aux fabricants de nouvelles mesures, dont le but serait de rendre moins possible à l'avenir ces sortes d'accidents, que nous pouvions voir ces messieurs comme nous devions voir M. Pelletier, pour le prier de vouloir bien accompagner M. Chevallier dans la visite qu'il devait nous faire, et que d'ailleurs c'était de ma part une espèce d'hommage que je désirais lui rendre comme créateur de l'idée que j'avais réalisée. Nous nous rendîmes chez lui; il nous dit ne pouvoir accepter pour le jour pris avec M. Chevallier, et nous indiqua l'adresse de M. Gaultier de Claubry, que nous trouvâmes dans son laboratoire; il nous reçut avec bonté; nous lui exposâmes le but de notre visite. Il nous dit qu'il ne connaissait pas encore ce que le conseil déciderait, que dans tous les cas il nous appuierait de tout son pouvoir. Il m'adressa quelques questions, entre autres, si nous condensions. Sur ma réponse affirmative, il parut satisfait et accepta l'offre que je lui fis de lui remettre de l'eau-mère et du produit de la condensation, me promettant de s'en occuper et de me communiquer le résultat de son travail; mais ayant appris : que M. Chevallier s'en occupait depuis long-temps, il crut devoir s'abstenir de le commencer. Ainsi que je l'ai dit, le 14 décembre, je pris M. Chevallier pour l'amener chez nous. Nous passâmes ensemble voir M. Duret, qui était absent. Nous fûmes reçus par son épouse, qui nous témoigna ses regrets de cette circonstance. Ce fut alors qu'après avoir vu l'appareil, il nous imposa la condition suivante, de prendre un brevet d'invention, en nos noms communs, nous disant que par sa position au conseil de salubrité, il ferait en sorte qu'il soit prescrit à tous les fabricants de se servir de cet appareil; qu'alors on exploiterait le brevet et que les bénéfices seraient partagés en commun. M. Chevallier ajoutait, qu'en vendant les appareils, on se réserverait pendant toute la durée du brevet l'eau-mère du fulminate et le produit de la condensation. Notre décision à cet égard fut ajournée. Si M. Chevallier eut été homme à se contenter de la part qu'il se faisait d'abord de son admission dans la propriété du brevet, sans la condition d'exploitation qu'il nous imposait, nul doute que notre reconnaissance envers lui n'eût pas été stérile, lors même que le travail de l'eau-mère et du produit condensé n'eût pas donné les avantages que, d'après lui, on pouvait s'en promettre; nous étions, et sommes encore gens à tenir compte d'un service rendu; mais il y avait dans l'exploitation qu'il nous imposait, une question grave à examiner en matière d'industrie. Les bénéfices de cette exploitation devaient-ils compenser l'abandon que nous allions faire de la découverte qui était notre propriété exclusive ? Non; une fois la question ainsi résolue, je me proposais de le voir et de lui demander ce que nous pouvions lui devoir pour ce qu'il lui plaît d'appeler ses bons offices : j'aurais cru M. Chevallier, homme plus sérieux; mais cette prétention de sa part est une amère ironie.

Quoi qu'il en soit, rien encore n'était rompu entre nous, seulement je ne voyais pas M. Chevallier; nos occupations étaient des plus suivies. M. Gaupillat n'allait à Paris que lorsque cela était indispensable, moi je ne quittais pas la fabrique, et nous travaillions, pour ainsi dire, jour et nuit, afin de pouvoir satisfaire aux commandes qui nous pressaient, ce qui était de bon augure pour une aussi jeune maison que la nôtre. Craignant à chaque instant que les oppositions ne prévalussent contre nous, et qu'on vînt interrompre nos travaux, ainsi, du reste, que cela eut lieu vers le milieu d'avril suivant; M. Gaupillat alla un jour voir M. Chevallier, afin d'apprendre de lui où en était notre demande en autorisation il lui demanda s'il avait pris l'inscription relative au brevet pour l'appareil. Sur sa réponse négative, il lui dit qu'il fallait s'en occuper définitivement, et lui remit même l'adresse d'un M. Théodore Regnault, lequel se charge de ces sortes d'affaires, pour qu'il eût à s'y présenter de sa part; M. Gaupillat, à son retour, me fit part des exigences de M. Chevallier, qu'à vrai dire, je trouvais déplacées. Je manifestai alors l'intention où j'étais de le voir à mon premier voyage à Paris, qui eut lieu vers le milieu d'avril suivant, pour m'entendre avec lui sur ce sujet. Une interdiction momentanée, qu'on venait d'apporter à nos travaux, nécessita cette entrevue, dans laquelle, je dois le dire, il ne fut question, et c'était pour nous le plus pressé, que des moyens de la faire lever. Ce fut alors qu'il me dit de faire remettre de très bonne heure, le lendemain, chez MM. Cartier et Grilleux, une bouteille d'eau-mère, pour qu'elle puisse être transportée à leur maison à Pontoise, attendu qu'il devait y aller passer le temps des fêtes de Pâques; et qu'alors il travaillerait. Ici, il est vrai, s'arrêtent nos relations; car, à peu de temps de là, j'apprends que M. Chevallier a donné, vendu ou communiqué le plan de notre appareil à M. Gevelot. Or, je le demande, est-ce là de la bonne foi ? Y a-t-il, dans un fait comme celui que je cite, quelque chose qu'on puisse qualifie sans blesser les convenances ?

Vous avez vu se dérouler successivement dans le présent mémoire, toutes les circonstances qui ont amené mes relations avec M. Chevallier. Je n'ai rien dit qui ne soit la vérité. D'après la manière dont j'ai été lésé, j'avais le droit de me plaindre, et je l'ai fait. J'ai raconté, je ne le cache pas, à qui a voulu l'entendre son procédé envers moi, et c'est lorsque je me plains à si juste titre que M. Chevalier vient me rappeler dans une lettre sans date, que je suis son obligé, que c'est d'après ses avis et ses conseils que j'ai inventé l'appareil condensateur que j'appelle mien, et il cite à l'appui de cette assertion trois faits d'une inexactitude patente, dont l'un, entre autres, est démenti par le dire de MM. Barruel aîné et Gaultier de Claubry. Je l'avouerai, mon indignation était telle, que sur-le-champ je voulus répondre comme le méritait une pareille prétention : au moment de transcrire le brouillon que j'ai depuis remis à M. Dumas, ainsi que la lettre qui l'avait provoqué, j'hésitais, je consultai des amis qui avaient la connaissance des faits, et je me laissai dire qu'il valait mieux laisser sans réponse une prétention aussi inouïe qu'injuste, que d'engager une polémique qui, lorsqu'elle amènerait la preuve des faits que j'avais avancé, ne me rendrait pas les avantages dont on m'avait privé, raison à laquelle je crus devoir déférer.

Ce fut alors que M. Chevallier publia, dans le Journal des Connaissances Usuelles et Pratiques, dont il est l'un des rédacteurs (Nos de mars et mai suivant, parus en avril et juin), l'article qui est à la connaissance de l'honorable Commission, et dont je n'eus moi-même communication qu'à la fin de juin dernier, par MM. Delacroix et Daclin, de la société d'encouragement. Il me reste maintenant à le réfuter : je ne m'arrêterai pas aux inexactitudes de la statistique que M. Chevallier donne sur la fabrication ; seulement dans un but que j'ignore, M. Chevallier a fait imprimer, parlant de notre fabrique :

« Cette fabrique employait, la dernière fois que nous l'avons visitée, soixante-quatre ou-
« vriers, hommes, femmes et enfants : cinquante-cinq de ces ouvriers étaient occupés à
« la préparation des cuivres, six chargeaient les amorces, trois s'occupaient de mécanique
« et étaient aidés par un apprenti et par un forgeron. Cette fabrique paie à ses ouvriers, par
« quinzaine, de 2,400 à 3,000 fr., et apporte annuellement, dans la commune où elle est
« établie, une somme de 48 à 60,000 fr.

La vérité est que M. Chevallier n'est jamais venu qu'une seule fois chez nous, ainsi que je l'ai déjà dit le 14 décembre 1834, et nos livres, ainsi que des témoins, donneraient la preuve que nous n'avons commencé à travailler que le samedi 3 janvier suivant. C'est à tort également que M. Chevallier avance que les amorces françaises sont composées de fulminate de mercure et de nitre : cela n'eut lieu ainsi que d'après mon idée, dans le courant de 1829, alors que j'étais chez M. Gevelot, depuis ou précédemment, ce que je ne pourrais préciser. chez M. Tardy et Blanchet, et chez nous. Les autres maisons ont toujours employé et emploient encore, avec le fulminate de mercure, un mélange de soufre et de salpêtre variable dans chaque maison, jusqu'au moment où on a remplacé une portion considérable de fulminate de mercure par du chlorate de potasse, et proportionnellement du salpêtre par du soufre, ce à quoi nous dûmes aussi nous conformer dans la fabrication des qualités inférieures, pour soutenir la concurrence que nous faisaient ces mêmes maisons. J'ai pu m'assurer que dans les amorces fabriquées en Allemagne, il entre considérablement de chlorate de potasse et de soufre qui altèrent et détruisent même dans un temps très court, les meilleures armes. Sous ce rapport, les amorces des fabriques françaises, lorsqu'elles portent la marque d'une maison avantageusement connue, sont de beaucoup préférables.

Ensuite M. Chevallier, dans le mode de préparation qu'il formule du fulminate de mercure, fait évidemment erreur en indiquant d'aussi énormes quantités de matières pour une seule opération ; on pourrait lui objecter qu'il n'en a jamais préparé ni même vu préparer, car je soutiens qu'opérât-on sur la 20e partie corrélativement des quantités citées, si comme le dit M. Chevallier, on versait l'alcool sur le nitrate acide de mercure, la réaction qui doit avoir lieu se produirait avec une telle force et d'une manière si subite, qu'elle briserait le vase servant à l'opération, et dans ce cas, débris et matières couvriraient l'opérateur, ainsi que deux fois cela est arrivé à M. Gevelot, qui eut ses vêtements et son chapeau tout brûlés, en opérant comme je l'ai déjà dit, dans une terrine. Ce fait eut lieu pour la première fois en présence de M. Levaillant, fabricant de produits chimiques, et de plusieurs autres personnes assistant à des opérations faites par M. Gevelot en 1827. M. Chevallier invoque des propositions faites pour attirer à l'étranger quelqu'un d'apte à la fabrication du fulminate de mercure. Il est bon que l'on sache que ces propositions ne sont autres que la lettre que M. de Romer, dont j'ai déjà parlé, m'écrivit en réponse à la mienne du courant de mai 1834, lettre que je confiai à M. Chevallier comme document sur la fabrication étrangère, et qu'il a gardée. Pour réfuter convenablement diverses assertions échappées à la plume de M. Chevallier, je dirai seulement ici, comme je crois l'avoir dit plus haut, qu'il ne vint point chez M. Gevelot en mai 1833, non plus que chez nous en décembre 1834, comme membre du conseil de salubrité, mais d'obligeance et sur mon invitation; j'ai dit les conseils qu'il me donna en premier lieu; dans le second la visite de M. Chevallier n'avait d'autre but que de lui faire voir l'appareil que je m'applaudissais d'avoir si heureusement trouvé, afin qu'il pût en faire son rapport au conseil dont il fait partie, dans un sens qui devait nous être favorable. On a vu, comment, quelques jours auparavant, M. Chevallier s'était préparé un acheminement aux circonstances contre lesquelles je viens réclamer aujourd'hui. M. Chevallier qui ne manque pas de mémoire, se rappellera sans doute, et voudra bien déduire les circonstances qui, selon lui, l'ont empêché de s'entendre avec M. Gevelot relativement à sa découverte soi-disant; (et permis à moi de trouver ce fait extraordinaire). Je désirerais savoir pourquoi dans sa lettre du 20 mars, que j'ai déjà citée, il n'a point parlé d'un quatrième fait, d'ailleurs aussi peu vrai que ses aînés, et dont l'article du journal cité, publié postérieurement à l'envoi de la lettre ci-dessus, est venu seul me révéler l'existence, toujours d'après M. Chevallier; qu'il m'aurait remis un croquis de l'appareil qu'il revendique comme étant le sien. La véracité des divers faits sur lesquels il s'appuie, donnera à l'honorable Commission la juste mesure de la confiance qu'on doit à celui-ci; du reste elle a pu s'en rendre compte. L'appareil, tel qu'il existe chez nous, remplit parfaitement le but que je me suis toujours proposé dans les divers essais qui m'ont amené à le perfectionner tel qu'il est aujourd'hui; tandis que le modèle publié et décrit par M. Chevallier, bien qu'il soit mien, n'en est qu'une imparfaite ébauche, laquelle est loin de réunir les conditions désirées par l'illustre fondateur du prix que M. Chevallier me dispute, ce que je m'offre de prouver à l'honorable Commission par toutes les expériences qu'elle pourra désirer pour éclairer sa religion, déférant entièrement à sa sagesse et à son impartialité pour l'appréciation de mes droits.

www.ingramcontent.com/pod-product-compliance
Ingram Content Group UK Ltd.
Pitfield, Milton Keynes, MK11 3LW, UK
UKHW020457220726
13923UKWH00006B/2612